食·新味

匠♥心

创意菜

创意融合

★★★★★★★★★★★★

刘磊◎主编

吉林科学技术出版社

图书在版编目（CIP）数据

食·新味. 匠心创意菜 / 刘磊主编. —— 长春：吉
林科学技术出版社，2019.8
ISBN 978-7-5578-5767-7

Ⅰ. ①食… Ⅱ. ①刘… Ⅲ. ①菜谱 Ⅳ.
① TS972.12

中国版本图书馆 CIP 数据核字（2019）第 160702 号

食·新味

JIANGXIN CHUANGYI CAI

匠心创意菜

主　　编	刘　磊
出 版 人	李　梁
责任编辑	朱　萌　丁　硕
封面设计	吉林省吉广国际广告股份有限公司
制　　版	长春美印图文设计有限公司
幅面尺寸	167 mm×235 mm
字　　数	200千字
印　　张	12.5
印　　数	1-7 000册
版　　次	2019年8月第1版
印　　次	2019年8月第1次印刷

出　　版　吉林科学技术出版社
发　　行　吉林科学技术出版社
地　　址　长春市福祉大路5788号出版集团A座
邮　　编　130118
发行部电话 / 传真　0431-81629529　81629530　81629531
　　　　　　　　　　81629532　81629533　81629534
储运部电话　0431-86059116
编辑部电话　0431-81629518
印　　刷　吉林省吉广国际广告股份有限公司

书　　号　ISBN 978-7-5578-5767-7
定　　价　39.90元

序

    当今的中国，餐饮业正在飞速发展，不仅在烹饪技术上有了很大的革新，在菜肴结构、食材搭配，以及口味调和等各个方面都有了巨大的转变。中餐的表现形式正在不断地向国际化靠近，突破原来中餐在传统上、标准化上、形态上的局限性，以更多元的角度与国际接轨，以更现代的方式展示中餐文化。

    为了给传统菜品赋予全新元素，让每一道菜都更加美味，我不断地学习新的烹饪知识，去国内外的大小城市进行烹饪交流，将所见所学编辑成书，分享给大家，希望可以让每一个热爱美食的烹饪者有所启发。

    《匠心创意菜》既有中餐和西餐的菜品，又包含烹饪调料与食材的图片展示，方便大家看图识物。同时，菜肴制作部分将以操作分解的方式来呈现，适合初学者以及美食爱好者。

    如有厨艺咨询和交流，可以关注 Cuisine Art 创艺厨味微信公众平台，我们也会有更多的惊喜与大家分享。

    让我们一起烹饪吧！

刘磊

2019 年 5 月

目录

第二章　**精选热菜** / 52

第三章 # 美味甜品 / 156

第一章
开胃 冷菜

有人说烹饪就像爱情，都需要我们全心的投入，那么冷菜一定是个注意仪表的绅士，无论何时都是场中的焦点。

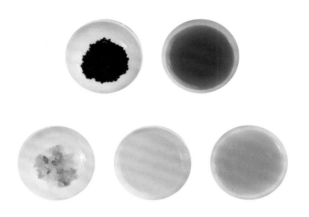

青木瓜拌蟹棒

本道冷菜操作简单、用时短，味道爽口，口感清脆，特别适合厨房新手或者做饭时间紧张的人群。

青木瓜具有清心润肺、促进消化、淡斑润肤等功效，这是一道具有丰富营养的家常菜品。

青木瓜拌蟹棒

◎原料　青木瓜 1 个，蟹棒 2 根，条纹萝卜 1 个，寿司醋 8 克，茴香适量，
黑芝麻 5 克，玫瑰盐 5 克，薄荷油 5 克，橄榄油 20 克。

◎步骤

1 将蟹棒放入蒸箱中蒸2分钟。

2 取出蟹棒撕成细丝待用。

3 青木瓜洗净，去皮待用。

4 将去皮的青木瓜切成细丝，放入冰水中浸泡待用。

5 条纹萝卜洗净，切成薄片，放入冰水中浸泡待用。

6 将冰镇好的青木瓜丝沥干水分，倒入盛有蟹棒丝的碗中。

7 将寿司醋、黑芝麻、橄榄油、玫瑰盐放入盛青木瓜丝的碗中拌匀，装盘，点缀茴香、条纹萝卜片、薄荷油即可。

巧拌鲢鱼鳔

◎ 原料　鲢鱼鳔150克，香菜碎5克，彩椒片适量，苦苣适量，酱油30克，米醋15克，老抽20克，葱油5克，蒜末5克，红椒末3克，鸡精2克。

◎ 步骤

1 将鲢鱼鳔用剪刀剪开，洗净待用。

2 锅中加入水，下入鲢鱼鳔煮20分钟后取出。

3 将鲢鱼鳔放入冰水中待用。

4 将酱油、米醋、老抽、蒜末、红椒末、葱油、鸡精、香菜碎搅拌均匀，制成酱料待用。

5 将鲢鱼鳔从冰水中取出，沥干水分。

6 将酱料倒在鲢鱼鳔中拌匀装盘，用洗净的彩椒片、苦苣点缀即可。

成品

鲜麻八爪鱼

◎原料　八爪鱼 200 克，茭白 150 克，小葱 100 克，葱油 50 克，鸡汁 30 克，藤椒油 10 克，青麻鲜 20 克，姜 5 克，黄酒 20 克。

◎步骤

1 将茭白、姜去皮，洗净待用。

2 小葱洗净，切成段；姜切成片。

3 八爪鱼洗净，放入锅中，加入小葱段、姜片和黄酒煮熟，捞出待用。

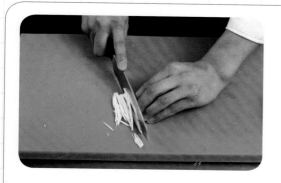

4 将茭白切丝，焯水，再放入冰水中浸泡。

5 将葱油、鸡汁、藤椒油、青麻鲜混合打成酱汁。

6 将酱汁淋入盘中，茭白丝、八爪鱼装盘即可（可用花草点缀）。

成品

酸辣鲜鲍

　　鲍鱼补而不燥，养肝明目，素有"餐桌上的软黄金"之称。您知道怎样清理鲍鱼内脏吗？

　　鲍鱼肉和壳之间连接着贝柱，紧挨着贝柱的水滴型阴影就是鲍鱼的内脏，看准内脏位置用小刀剔除；划破鲍鱼的嘴，可方便取出食管。

　　清理好鲍鱼的内脏，让我们按照步骤制作本道菜品。尝试一下，鲍鱼与茴香根的碰撞会给我们带来怎样的奇妙口感？

酸辣鲜鲍

◎原料　　鲍鱼2只，茴香根100克，条纹萝卜1个，酱油5克，辣椒仔10克，白糖5克，盐1克，黑胡椒碎1克，苹果醋3克，橄榄油2克。

◎步骤

1 鲍鱼带壳洗净，放入锅中煮熟。

2 另起锅，倒入适量的水、酱油、辣椒仔、白糖一同煮5分钟，制成酱汁待用。

3 煮好的鲍鱼放入冰水中，冷却后去壳，再放入酱汁中浸泡20分钟。

4 将条纹萝卜洗净，切片；茴香根洗净，刨成条，与条纹萝卜片一同放入冰水中浸泡5分钟。

5 将冰镇好的茴香根条、条纹萝卜片沥干水分。

6 将茴香根条、条纹萝卜片放入盆中，加入盐、黑胡椒碎。

7 加入橄榄油、苹果醋搅拌均匀，与鲍鱼一同装盘（可用花草点缀）。

腌活草虾

◎原料　活草虾 15 只，青椒 15 克，红椒 15 克，西芹 5 克，生抽 20 克，花雕酒 20 克，老抽 5 克，酱油 5 克，白糖 10 克，白酒 20 克，小葱段 3 克，姜 4 克，蒜 8 克，香菜 5 克，干花椒 3 克，香叶 1 克，八角 1 克，桂皮 1 克。

◎步骤

1 活草虾洗净，倒入白酒腌渍待用。

2 将生抽、花雕酒、老抽、酱油、白糖倒入碗中调成酱汁。

3 青椒、红椒、西芹、香菜洗净，分别切成块和段，倒入调好的酱汁中。

4 将姜、蒜切成片，与干花椒、小葱段、香叶、八角、桂皮一同放入碗中，和酱汁一起拌匀。

5 将用白酒腌渍的草虾放入酱汁中浸泡。

6 将草虾从酱汁中取出，装盘即可。

成品

雪山鱼子酱生蚝

◎ 原料　生蚝2只，鱼子酱适量，蟹味菇2克，白玉菇2克，洋葱丝10克，蒜瓣20克，小米辣椒10克，生抽100克，味淋100克，白酒100克，白糖130克，木鱼精1克，柠檬汁1克，盐0.5克，橄榄油适量。

◎ 步骤

1 将生蚝取肉，焯水，再放入冰水中浸泡，捞出，吸干水分；生蚝壳烫一下待用。

2 将生抽、味淋、白酒、白糖放入锅中，用中火煮至酒精挥发、酱汁微稠，冷却待用。

3 在装有橄榄油的锅中加入蒜瓣、洋葱丝、小米辣椒和洗净的蟹味菇、白玉菇炒香，再加入水和酱汁、木鱼精，煮开后1分钟熄火，制成菌菇汁。

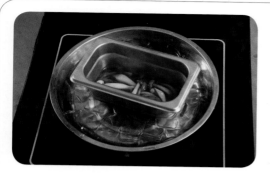

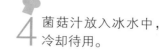
4 菌菇汁放入冰水中,
冷却待用。

5 将水、盐、柠檬汁混
合后,用搅拌器打出
柠檬泡沫待用。

6 将菌菇汁、生蚝、鱼
子酱、柠檬泡沫和装
有柠檬汁的吸管依次放入
生蚝壳中,再放置在装有
碎冰的容器中即可(可用
花草点缀)。

成品

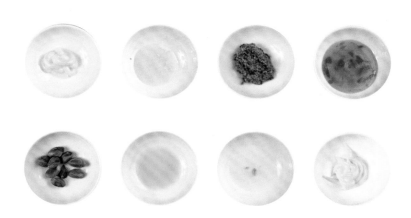

泰式鲜虾卷

泰国是一个临海的热带国家，那里雨水充沛，阳光充足。绿色蔬菜、海鲜、水果极其丰富。因此，泰式料理用料主要以海鲜、水果、蔬菜为主，口味以酸、辣、甜为代表。

泰式酸辣酱：将60克泰国鸡酱、1.5克柠檬汁、1克黄椒酱、1克蜂蜜、1克麻油、1克薄荷叶碎一起拌匀即成。

泰式鲜虾卷

◎ 原料　熟明虾 2 只，春卷皮 2 张，芒果条 50 克，苦苣 10 克，腰果碎 10 克，黄瓜 20 克，番茄 20 克，蟹柳丝 30 克，红叶生菜 10 克，柠檬汁 3.5 克，沙拉酱 150 克，炼乳 8 克，芥末 3 克，蜂蜜 4 克，泰式酸辣酱 20 克，橄榄油 2 克。

◎ 步骤

1 将熟明虾去壳、虾线，切成两半待用。

2 黄瓜洗净，切丝。

3 番茄洗净，切片。

4 在沙拉酱中加入柠檬汁、炼乳、蜂蜜、芥末拌匀。

5 将春卷皮浸泡在水中50秒左右取出，用厨房纸吸干水分，放上黄瓜丝、蟹柳丝、熟明虾块、芒果条、番茄片、泰式酸辣酱、腰果碎和洗净的红叶生菜、苦苣，再抹上沙拉酱。

6 卷起春卷皮，用刀切成三等份待用。

7 盘底淋上少许泰式酸辣酱，交叉摆放虾卷，用红叶生菜、苦苣点缀，淋上少许橄榄油即可。

三文鱼脆片

◎原料　　三文鱼腩50克，西米100克，洋葱碎3克，酸黄瓜碎2克，欧芹碎2克，开心果碎5克，墨鱼汁3克，盐3克，黑胡椒碎1.5克，法式黄芥末1.5克，辣椒仔1克，柠檬汁4克，橄榄油适量。

◎步骤

1 西米放入热水中煮至八分熟。

2 西米分成两份，一份西米加盐、黑胡椒碎、墨鱼汁，另一份滤出的西米用搅拌器打成泥，与加墨鱼汁的西米一同拌匀。

3 将拌匀的西米放入烘干机中，用55℃烘干5小时。

4 将烘干的西米放入七成热的橄榄油中炸发，制成墨鱼汁脆片待用。

5 将洗净的三文鱼腩切碎，加洋葱碎、酸黄瓜碎、欧芹碎、黑胡椒碎、盐、辣椒仔、法式黄芥末、柠檬汁、橄榄油一起拌匀，制成三文鱼塔塔。

6 在墨鱼汁脆片上放入三文鱼塔塔，撒上开心果碎即可（可用花草点缀）。

成品

烙椒牛肝菌

◎ 原料　牛肝菌 150 克，杭椒 80 克，酱油 10 克，生抽 10 克，高汤 500 克，鸡精 3 克，菜籽油 20 克，白糖 2 克，辣鲜露 5 克。

◎ 步骤

1 牛肝菌洗净，放入高汤中用低温煮熟，捞出自然放凉。

2 杭椒用煎锅以烙煎的手法煎香。

3 撕掉表面有黑斑点的杭椒皮，剁碎待用。

4 将放凉的牛肝菌切片，整齐地摆放在盘中。

5 将剁碎的杭椒放盆中，调入酱油、生抽、鸡精、菜籽油、白糖、辣鲜露，搅拌均匀制成烙椒汁。

6 将烙椒汁淋于盘中牛肝菌上即可（可用花草点缀）。

成品

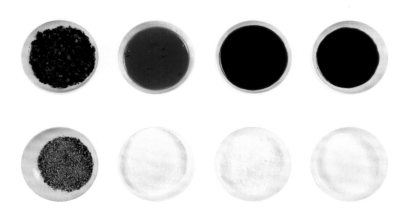

搓椒牛舌

牛舌不但具有补血、强筋健骨的功效，而且它的做法也是多种多样，无论是烤、卤，还是凉拌等都是不错的选择。

想要吃到美味的牛舌，一定要记得去掉牛舌的表皮。本道菜品可在牛舌煮熟后，快速去掉表皮，凉了的牛舌是很难去皮的。除此之外，一定要小火煮牛舌，这样才能保证它鲜嫩的口感。

搓椒牛舌

◎ 原料　牛舌 200 克，香菜段 50 克，小葱 30 克，辣椒碎 10 克，盐 2 克，煳辣油 20 克，黑胡椒碎 5 克，生抽 20 克，酱油 15 克，鸡精 3 克，白糖 3 克。

◎ 步骤

1 锅中倒入水、黑胡椒碎和洗净的小葱。

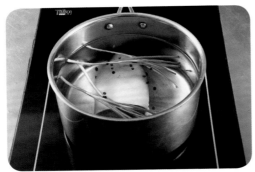

2 牛舌洗净血水，放入锅中，用小火煮4小时。

3 将煮熟的牛舌捞出，快速去掉表皮。

4 将去皮的牛舌浸入冰水中冰镇30分钟。

5 冰镇好的牛舌切薄片，放入盘中待用。

6 将黑胡椒碎、盐、生抽、酱油、鸡精、白糖、煳辣油调成酱汁。

7 将酱汁淋入盘中，撒上辣椒碎与洗净的香菜段即可（可用花草点缀）。

红油手撕鸡

◎ 原料　草鸡 1 只，香菜 20 克，酥黄豆 20 克，酥皮丝 50 克，红椒丝 20 克，辣油 20 克，盐 50 克，花椒 10 克，鸡精 3 克，姜片 3 克，小葱 5 克，红椒粒 2 克。

◎ 步骤

1　香菜洗净，切段待用；将花椒和盐炒香，冷却待用。

2　冷却后的花椒和盐涂在已经洗净的草鸡表层，腌制10小时。

3　酥皮丝在烤盘里做成鸟巢造型，放入烤箱烤至呈金黄色待用。

4 将腌好的草鸡放入水中，加入姜片、红椒粒和洗净的小葱一起煮熟。

5 煮熟的草鸡浸泡冰水，待冷却后取出，拆出鸡肉撕成丝。

6 在鸡肉丝中加入辣油、香菜段、红椒丝、酥黄豆、鸡精拌匀，装入烤好的酥皮丝里即可。

成品

金枪鱼脆筒

◎ 原料　金枪鱼罐头 60 克，春卷皮 2 张，芒果粒 10 克，洋葱碎 1 克，苦苣适量，红叶生菜适量，沙拉酱 14 克，炼乳 4 克，蜂蜜 2.5 克，柠檬汁 2 克，焦糖酱 2 克，欧芹 2 克，酸黄瓜碎 1 克，鱼子酱适量，橄榄油适量。

◎ 步骤

1 欧芹洗净，切碎待用。

2 将芒果粒、焦糖酱、柠檬汁、欧芹碎、橄榄油拌匀，制成芒果莎莎。

3 将金枪鱼罐头打开，用厨房纸吸掉金枪鱼鱼肉的油脂。

4 将金枪鱼鱼肉加入洋葱碎、酸黄瓜碎、欧芹碎、炼乳、沙拉酱、蜂蜜、柠檬汁，拌匀制成金枪鱼酱。

5 春卷皮用锥形模具卷好，放入六成热橄榄油中炸至上色，制成脆卷待用。

6 将炸好的脆卷放入金枪鱼酱、芒果莎莎和洗净的红叶生菜、苦苣，最后用鱼子酱点缀即可（可用花草点缀）。

成品

四川泡笋尖

　　川菜是中国八大菜系之一，起源于四川、重庆，以麻、辣、鲜、香为特色。在烹调方法上更是多种多样，有炒、煎、干烧、炸、熏、泡、烩、爆等几十种。

　　本道菜品便是川菜中的泡菜系列，酸辣的调味料、香脆的笋尖让人口舌生津，胃口大开。另外，需要提醒大家的是，浸泡笋尖时需要用物体压住，让每根笋尖完全浸泡在汁水中。

四川泡笋尖

◎原料 笋尖 200 克，香菜 10 克，洋葱块 10 克，蒜瓣 10 克，姜片 10 克，
干辣椒 10 克，白糖 50 克，陈醋适量，鸡精 5 克，酱油 200 克，
啤酒 50 克。

◎步骤

1 将水烧开倒入啤酒。

2 锅中放入洗净的笋尖。

3 笋尖用中火煮熟，取
出，放入冰水中浸泡
待用。

4 将笋尖去掉根部，改刀成条。

5 将白糖、陈醋、鸡精、酱油拌匀制成酱汁，再放入洗净的香菜、洋葱块、干辣椒、蒜瓣、姜片，用汤勺搅拌均匀。

6 将笋尖条放入酱汁盆中浸泡2个小时。

7 捞出笋尖条摆盘即可（可用花草点缀）。

花菇酱拌杂菌

◎原料　　杏鲍菇 150 克，百灵菇 100 克，茶树菇 50 克，蚝油 30 克，鸡精 5 克，白糖 5 克，老抽 5 克，麻油 10 克，花菇酱 100 克，红椒丝适量，苦苣适量，橄榄油适量。

◎步骤

1 杏鲍菇洗净，用刨片刀刨片待用。

2 百灵菇洗净，用刨片刀刨片待用。

3 茶树菇洗净，撕成丝待用。

4 将茶树菇丝、杏鲍菇片、百灵菇片放入锅中，用橄榄油炸熟待用。

5 将花菇酱煸香，加入蚝油、鸡精、白糖、老抽、麻油和炸好的菌菇炒至上色。

6 将菌菇装入餐具中，用洗净的苦苣、红椒丝加以装饰即可（可用花草点缀）。

成品

捞汁白芦笋

◎ 原料　　　白芦笋 350 克，无花果 200 克，意大利黑醋 150 克，黄芥末酱 10 克，
　　　　　黑胡椒碎 8 克，盐 7 克，白糖 100 克，橄榄油适量。

◎ 步骤

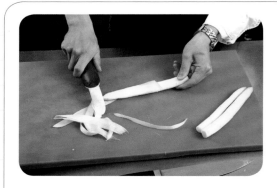

1 白芦笋洗净，去皮。

2 白芦笋用刨刀刨成片，放入冰水中浸泡待用。

3 将意大利黑醋、黄芥末酱、黑胡椒碎倒入装有洗净的无花果碗中。

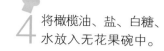
4 将橄榄油、盐、白糖、水放入无花果碗中。

5 将无花果碗里的食材混合在一起，倒入料理机中，打成酱汁待用。

6 将白芦笋片装入盘中，淋上酱汁即可（可用花草点缀）。

成品

蒜香泡椒娃娃菜

◎ **原料**　娃娃菜 250 克，蒜蓉辣椒酱 50 克，泡椒 30 克，鸡汁 10 克，白糖 20 克，鸡精 5 克，蒜末 50 克，橄榄油适量。

◎ **步骤**

1 娃娃菜洗净，去根改刀待用。

2 蒜末用橄榄油炸至上色，制成炸蒜蓉。

3 在炸好的蒜蓉中加入白糖、鸡汁。

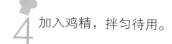

4 加入鸡精，拌匀待用。

5 在娃娃菜上加入拌好的炸蒜蓉、泡椒和蒜蓉辣椒酱，拌匀后进行腌制。

6 将腌制好的娃娃菜，稍沥汁水装盘即可（可用花草点缀）。

成品

第二章
精选热菜

享受美食的时间是幸福的，
烹饪美食的过程也是快乐的。

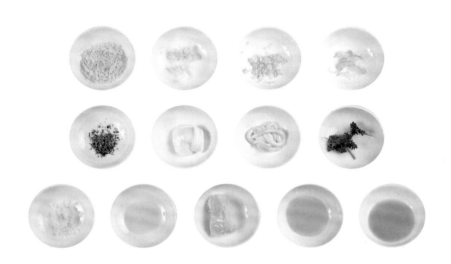

火焰酱焗红螺

有人说，做饭正逐渐成为现代人的一种兴趣爱好，那些热爱生活的人喜欢亲手给自己做称心的美食。

本道菜品是一道能够在特殊的日子里与爱人共享，并且是可以称霸朋友圈的美食。所以，热爱生活的你准备好为自己和她（他）一起做这道美食了吗？

火焰酱焗红螺

◎ 原料　　红螺1个，香菇片2克，洋葱丝5克，蒜末2克，马苏里拉芝士碎5克，面包糠1克，欧芹碎2克，生抽100克，白酒100克，白糖130克，沙拉酱3克，腰果碎3克，黑胡椒碎2克，白葡萄酒5克，黄油1.5克，粗海盐400克，味淋100克，橄榄油3克。

◎ 步骤

1 将红螺焯水4分钟，捞出，放入冰水中浸泡片刻。

2 将红螺肉取出，切成片待用。

3 将生抽、味淋、白酒、白糖放入锅中煮至酒精挥发、酱汁微稠。

4 黄油加热，放入洋葱丝、蒜末、香菇片、红螺片、欧芹碎、黑胡椒碎炒香。

5 烹入白葡萄酒、酱汁、沙拉酱炒匀，再拌入腰果碎制成馅料。

6 将馅料装入红螺壳，铺上马苏里拉芝士碎，撒面包糠，淋橄榄油，放入烤箱，用220℃烤6~7分钟至馅料表面呈金黄色。

7 粗海盐放入烤箱烤3分钟，取出放入盘底，焗好的红螺放在粗海盐上，四周淋一些白酒点火即可。

炭火臊子鳕鱼

◎原料　鳕鱼肉 300 克，香茅 3 克，五花肉丁 50 克，杏鲍菇丁 50 克，豆酱 15 克，
红椒丁 20 克，蚝油 10 克，海鲜酱 10 克，盐 3 克，鸡精 3 克，酱油 5 克，
五香粉 3 克，白酒 3 克，橄榄油适量。

◎步骤

1 鳕鱼肉洗净后切成厚片，放入豆酱、蚝油、海鲜酱、盐、五香粉、白酒、香茅腌制 4 小时。

2 杏鲍菇丁用橄榄油炸至干香待用。

3 锅置火上，将腌制好的鳕鱼煎熟待用。

4 锅中放入橄榄油，将五花肉丁煸香，再放入红椒丁、酱油、鸡精和炸好的杏鲍菇丁制成臊子料。

5 炒好的臊子料装入盘中。

6 将烤好的鳕鱼肉放在臊子料上即可（可用花草点缀）。

成品

海派干烧银鳕鱼

◎原料　银鳕鱼肉200克，猪肉末20克，香菇丁20克，笋丁20克，红椒粒10克，姜末3克，葱花5克，黑胡椒碎2克，泡椒酱10克，番茄酱5克，蒜末3克，酒酿5克，泡椒油10克，盐2克，鸡精5克，白糖20克，香醋5克，生粉3克，橄榄油适量。

◎步骤

1 锅置火上，加入泡椒油、猪肉末煸香。

2 将泡椒酱、蒜末、姜末放入锅中翻炒。

3 将香菇丁、笋丁、酒酿、红椒粒、番茄酱、生粉、葱花放入锅中炒香，加水、鸡精、白糖、香醋烧成酱料待用。

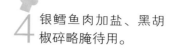 **4** 银鳕鱼肉加盐、黑胡椒碎略腌待用。

5 银鳕鱼肉放入锅中，用橄榄油煎至两面呈金黄色。

6 将煎好的银鳕鱼肉放在餐具中，浇上酱料即可（可用花草点缀）。

 成品

芝士烤吉拉多生蚝

◎ 原料　　吉拉多生蚝 1 个，青柠 1 个，沙拉酱 50 克，芥末 3 克，芝士片 15 克。

◎ 步骤

1 吉拉多生蚝洗净，开壳；青柠切块待用。

2 沙拉酱、芥末拌匀待用。

3 将吉拉多生蚝肉取出，裹上调好的芥末沙拉酱，放入生蚝壳中。

4 在吉拉多生蚝肉表面撒上10克芝士片，放入烤箱用220℃烤1分钟，取出。

5 在取出的吉拉多生蚝上撒上5克芝士片，放入烤箱烤至变色后取出。

6 青柠块用火枪烧至变色，与吉拉多生蚝一起装盘即可（可用花草点缀）。

成品

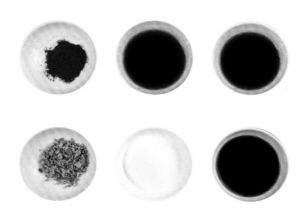

苹果辣椒滋味鱼

青鱼，肉厚而滑嫩，味道鲜美，蛋白质含量高，刺大而少，是淡水鱼中的上品，适合老人与孩子食用。

青鱼在本道菜品中与苹果搭配，除了青鱼独有的鲜香、酥嫩的口感外，还有苹果的香甜冲击着味蕾，层层递进的口感让人感到无比的满足，好似一天的疲惫在这一刻都被消除了。

苹果辣椒滋味鱼

◎原料　青鱼肉 200 克，苹果 50 克，春卷皮 1 张，酱油 15 克，辣鲜露 15 克，白糖 150 克，香醋 100 克，辣椒粉 5 克，陈皮末 20 克，盐 3 克，橄榄油适量。

◎步骤

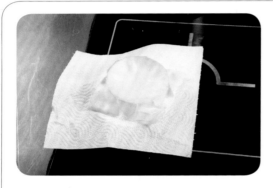

1 春卷皮用模具炸成碗形待用。

2 青鱼肉改刀，用橄榄油炸至外酥里嫩，颜色呈金黄色。

3 将锅中倒入适量的水，放入酱油、辣鲜露、白糖、香醋混合烧开，收稠酱汁待用。

4 苹果洗净，切块。

5 苹果块加盐、橄榄油拌匀，放入烤箱，用180℃烤20分钟。

6 炸好的青鱼肉用酱汁炒匀，撒上辣椒粉和陈皮末。

7 青鱼肉装入春卷皮中，配上烤好的苹果块即可（可用花草点缀）。

清一色胖头鱼

◎原料　胖头鱼头1个，杭椒100克，青花椒粒25克，子姜适量，蚝油10克，酱油15克，酸辣鲜露10克，鸡精3克，白糖3克，生粉20克，花椒油5克，荷叶1张，橄榄油适量。

◎步骤

1 胖头鱼头剁成块，冲水洗净待用。

2 杭椒切段；子姜切粒待用。

3 将蚝油、酱油、酸辣鲜露、鸡精、白糖、5克生粉、花椒油调制成酱汁。

4 将洗净的胖头鱼块裹匀15克生粉，用橄榄油把胖头鱼块炸至酥脆，捞出控油待用。

5 酱汁下锅，将杭椒段、子姜粒和青花椒粒煸香。

6 放入煎炸好的胖头鱼块翻炒片刻，装入荷叶中即可。

成品

低温小鲜鲍

◎原料　鲍鱼2只，牛肉25克，芽菜50克，青花椒粒10克，干辣椒适量，酱油3克，辣鲜露5克，鲜露5克，花椒粉2克，鸡精2克，白糖3克，蚝油5克，藤椒油5克，橄榄油适量。

◎步骤

1 鲍鱼带壳洗净，用65℃的水煮5分钟，捞出过凉，放入冰水中。

2 牛肉洗净，切成丁；取出鲍鱼，切成两半待用。

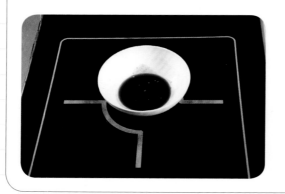

3 将酱油、辣鲜露、鲜露、鸡精、白糖、蚝油、藤椒油混合搅匀制成酱汁。

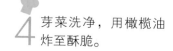 芽菜洗净，用橄榄油炸至酥脆。

5 锅置火上，用中火煸香牛肉丁，放入青花椒粒，烹入酱汁。

6 放入鲍鱼、芽菜、干辣椒炒至上色，撒入花椒粉即可（可用花草点缀）。

 成品

松露酱焗龙虾

龙虾肉洁白细嫩，味道鲜美，不但富含蛋白质，而且营养容易被人体吸收。

本道菜品是大师级制作，色、香、味、形俱佳，好似是对这道菜品最好的诠释。而"香草果醋汁"是这道菜品的美味秘诀：将30克香菜碎加入3克蒜瓣、18克开心果碎、24克白葡萄酒醋、17克白糖、80克橄榄油、7克柠檬汁用搅拌器打匀，制成香草果醋汁。

大师的小秘诀你学会了吗？

松露酱焗龙虾

◎原料　龙虾1只，芒果粒20克，洋葱碎5克，香菇碎3克，欧芹碎2克，蒜瓣3克，盐2克，鸡精1克，黑胡椒碎2克，白葡萄酒8克，低筋面粉3克，黄油15克，牛奶150克，淡奶油80克，焦糖酱2克，白松露酱1.5克，柠檬汁7克，培根碎2克，香草果醋汁适量，橄榄油适量。

◎步骤

1 龙虾焯水1分钟捞出，用冰水浸泡，沥干水分后切成两半，取出龙虾肉待用。

2 锅中加入黄油、洋葱碎、蒜瓣、培根碎、香菇碎炒香。

3 加入低筋面粉、欧芹碎、盐、鸡精、牛奶、淡奶油、白葡萄酒、白松露酱、龙虾肉，最后撒上黑胡椒碎、橄榄油，进行翻炒。

4 龙虾肉出锅后切成段，摆入虾壳里，放入220℃的烤箱中烤8分钟至表面呈金黄色，取出。

5 将芒果粒、焦糖酱、柠檬汁、欧芹碎、橄榄油拌匀，制成芒果莎莎。

6 盘中加入香草果醋汁，将芒果莎莎用模具压出型。

7 将焗好的龙虾装盘即可。

香煎明虾扒

◎ 原料　　明虾1只，豉油20克，中筋面粉20克，生粉10克，蛋清3克，盐1克，泡打粉2克，苦苣适量，彩椒片适量，橄榄油适量。

◎ 步骤

1 明虾煮熟，去掉虾须、虾头，用刀把虾的腹部片开，虾腹去虾壳待用。

2 将中筋面粉、生粉、蛋清、橄榄油、盐、泡打粉调成面糊。

3 面糊加入水拌匀，倒入装有豉油的锅中搅拌成豉油糊。

4 将去壳的明虾肉腹部
裹上豉油糊。

5 锅置火上，倒入橄榄
油，把裹上豉油糊的
明虾煎脆，取出。

6 装入盘中，淋上豉油，
用洗净的苦苣、彩椒
片装饰即可。

成品

番茄柠檬鱼

◎ 原料　　草鱼肉 200 克，柠檬 1 个，番茄汁 100 克，高汤 300 克，蛋清 15 克，红薯粉 5 克，盐 3 克。

◎ 步骤

1 将草鱼肉洗净，片成蝴蝶片。

2 片好的草鱼肉片用盐、蛋清、红薯粉腌制上浆待用。

3 将柠檬切成片待用。

4 番茄汁用小火煮香，再放入高汤，大火烧开后转小火。

5 将腌制好的草鱼肉片焯水至七分熟，捞出，沥干水分待用。

6 将草鱼肉片和柠檬片放入煮好的番茄汁中，即可装盘（可用花草点缀）。

成品

低温照烧三文鱼柳

照烧，日本菜肴及烹饪方法之一。通常是指烧烤肉品过程中，外层涂抹大量酱油、白糖、蒜末、姜末与清酒。

本道菜品根据此烹饪方法进行了独特的优化，以便更适应国人的口味。对照烧烹饪方法感兴趣的读者，可以在宴请亲朋好友时挑战一下，相信低温照烧三文鱼柳的味道一定会让人惊喜。

低温照烧三文鱼柳

◎原料　三文鱼柳 100 克，菠菜叶 10 克，手指胡萝卜 1 根，青豆粒 50 克，
洋葱丝 15 克，蒜末 5 克，培根碎 2 克，百里香 1 克，生抽 100 克，
白酒 100 克，白糖 130 克，淡奶油 20 克，牛奶 40 克，盐 3 克，
黑胡椒碎 2 克，土豆 200 克，鸡精 1 克，黄油 42 克，果糖 15 克，
柠檬汁 5 克，浓缩香橙汁 55 克，柠檬片 7 克，西班牙烟熏辣椒粉 1 克，
白胡椒粉 1 克，腰果碎 3 克，橄榄油 10 克。

◎步骤

1 将黄油加热后放入洋葱丝、蒜末、培根碎、青豆粒、黑胡椒碎炒香，加入水用小火煮 15 分钟，与焯过水的菠菜叶一起倒入料理机中打成蔬菜泥，过滤后倒入锅中，加入淡奶油、牛奶、盐、鸡精调味。

2 将生抽、白酒、白糖用中火煮至酒精挥发、酱汁微稠，熄火待冷却。

3 将三文鱼柳改刀，同百里香、橄榄油一起放入真空袋里，用 45℃ 的水煮 15 分钟，取出沥干水分，刷上酱汁，用火枪烧至微黄，再刷一次酱汁后撒上西班牙烟熏辣椒粉。

4 三文鱼柳放入上下火200℃的烤箱中烤1分钟。

5 将浓缩香橙汁、柠檬片、果糖、柠檬汁、黄油、160克水拌匀，和削好皮的手指胡萝卜一起放入真空袋里，用68℃的水煮35分钟，取出手指胡萝卜，擦掉沾到的汁水，撒黑胡椒碎后用火枪烧至表面呈金黄色。

6 土豆洗净，蒸熟压泥；牛奶、淡奶油、盐、白胡椒粉煮开，放入土豆泥、黄油拌匀。

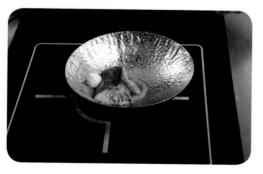

7 盘中抹上蔬菜泥，放上三文鱼、手指胡萝卜，挤入土豆泥，撒上西班牙烟熏辣椒粉、腰果碎即可（可用花草点缀）。

姜蓉辣椒蟹

◎原料　海蟹1只，辣椒丝50克，炸姜蓉50克，炸京葱丝50克，香菜梗25克，鸡精2克，料酒5克，生粉50克，白胡椒粉1克，玫瑰盐2克，橄榄油适量。

◎步骤

1 海蟹洗净，斩块，加白胡椒粉、料酒、玫瑰盐、鸡精拌匀。

2 把拌好的蟹块裹匀生粉。

3 将蟹块用橄榄油炸熟至脆，捞出控油。

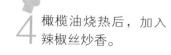 **4** 橄榄油烧热后，加入辣椒丝炒香。

5 将炸京葱丝、炸姜蓉、香菜梗放入锅中炒匀。

6 炸好的蟹块放入锅中炒至入味，即可装盘（可用花草点缀）。

成品

深海蟹肉脆椒沙沙

◎原料　　活海蟹1只,年糕50克,香脆椒20克,脆炸粉30克,橄榄油15克,酱油5克。

◎步骤

1 年糕切成段,装碗待用。

2 活海蟹斩杀,用水煮熟。

3 将香脆椒用料理机打碎待用。

4 将切好的年糕段裹匀脆炸粉，用橄榄油炸至呈金黄色，捞出控油待用。

5 将蟹腿用剪刀剪开，取出蟹肉，用橄榄油将蟹肉煎熟，烹入酱油，撒上香脆椒碎翻炒均匀。

6 炸好的年糕段垫底，放上煎熟的蟹肉即可装盘（可用花草点缀）。

成品

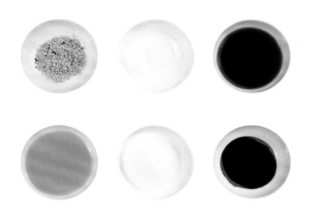

茶树菇爆河虾

虾营养丰富，肉质松软，易消化，对老年人、孕妇和身体虚弱的人是极好的食物。

本道菜品操作简单、食材易得，是极容易搬到家中餐桌上的菜。对于烹饪新手来说，这是一道不错的入门级菜品。在操作中需要注意的是，白芝麻一定要最后放而且翻炒时间不要过长，长时间翻炒会使白芝麻有苦味。

茶树菇爆河虾

◎ 原料　　　河虾 200 克，茶树菇 150 克，红椒丝 10 克，香菜梗 10 克，酱油 10 克，
　　　　　　鸡精 5 克，白芝麻 5 克，白糖 25 克，麻油 5 克，橄榄油适量。

◎ 步骤

1 将河虾洗净，用八成
热的橄榄油炸至酥脆
待用。

2 茶树菇洗净，撕成细
丝。

3 将茶树菇丝放入橄榄
油中，炸熟待用。

4 将酱油、白糖、鸡精、麻油混合做成酱汁。

5 锅置火上，下红椒丝、香菜梗炒香。

6 加入茶树菇、酱汁，炒至上色。

7 加入河虾、白芝麻稍炒片刻，即可装盘（可用花草点缀）。

花雕芙蓉蟹

◎ 原料　　海蟹 1 只，蛋清 100 克，虾汤 200 克，花雕酒 10 克，姜末适量，
盐 3 克，鸡精 3 克，白胡椒粉 1 克，橄榄油 3 克。

◎ 步骤

1 海蟹煮熟，凉凉，拆
蟹肉、蟹黄待用。

2 橄榄油倒入锅中，加
蟹黄、蟹肉、姜末炒
香待用。

3 将虾汤加入蛋清、白
胡椒粉、盐、鸡精和
花雕酒待用。

4 虾汤装入盛器中搅匀。

5 将炒香的蟹肉均匀地放入虾汤中，入蒸箱蒸熟。

6 取出蒸熟的芙蓉蟹，用喷壶喷入少许花雕酒即可。

成品

美味香酥沙滩蟹

◎原料　海蟹 1 只，锅巴 50 克，原味薯片 50 克，妙脆角 50 克，香脆椒 100 克，生粉 20 克，番茄油 20 克，椒盐 10 克，鸡精 5 克，黄酒 20 克，姜片 10 克，小葱段 20 克，橄榄油适量。

◎步骤

1 海蟹洗净，改刀，用黄酒、椒盐、鸡精、小葱段、姜片腌制。

2 锅巴用橄榄油炸发，用厨房纸吸油待用。

3 将锅巴、原味薯片、妙脆角装入料理机中打碎。

4 在装有锅巴碎的料理机中加入香脆椒、生粉打碎，制成沙滩料待用。

5 腌制好的蟹块裹匀生粉，用橄榄油炸熟。

6 锅里放入番茄油，加入沙滩料和炸好的蟹块翻炒即可。

成品

低温牛小排坚果卷

西餐总少不了配菜，配菜的恰当与否，直接关系到菜品的色、香、味、形和营养价值，也决定整桌菜肴是否协调。

本道菜品的配菜是手指胡萝卜、芦笋，它们是如何制作的呢？

首先将1根手指胡萝卜、2根芦笋去皮，放入锅中，然后撒上1克盐、2克黑胡椒碎、3克橄榄油煎至上色，最后淋入3克白葡萄酒、2克柠檬汁即可。

低温牛小排坚果卷

◎ 原料　牛小排 150 克，圣女果 2 个，芦笋 2 根，手指胡萝卜 1 根，土豆泥 20 克，百里香 10 克，香叶 1 克，罗勒叶 32 克，蒜瓣 8 克，迷迭香 10 克，开心果碎 150 克，黑胡椒碎 3 克，黄油 23 克，盐 3 克，橄榄油适量，香菜碎 50 克，松仁 5 克，马苏里拉芝士 20 克，南瓜 140 克，焦糖酱 3 克，沙拉酱 5 克，炼乳 2 克。

◎ 步骤

1 将香菜碎、罗勒叶、松仁、蒜瓣、橄榄油、马苏里拉芝士一同放入料理机中打成香草青酱。

2 南瓜洗净，放入开水中煮熟，沥干水分放凉，与水、焦糖酱、沙拉酱、炼乳、开心果碎一同用料理机打成南瓜酱。

3 橄榄油、罗勒叶、百里香、迷迭香、香叶、黑胡椒碎、盐拌匀，与洗净的圣女果一同放进烤箱烤 12 分钟，制成油封圣女果。

4 将牛小排洗净，改刀，与迷迭香一同用保鲜膜固定成圆柱形，放真空袋里用58℃的水煮47分钟，取出沥干水分，加入黑胡椒碎、盐、橄榄油腌制。

5 将腌制好的牛小排放入锅中，加橄榄油、蒜瓣、黄油和手指胡萝卜、芦笋，撒上黑胡椒碎，煎熟待用。

6 煎熟的牛小排静置3分钟，裹上开心果碎，切成两等份。

7 盘中涂上南瓜酱和香草青酱，摆放上牛小排块、芦笋、手指胡萝卜、土豆泥、油封圣女果即可（可用花草点缀）。

青花椒低温牛小排

◎ 原料　　牛小排 200 克，牛肝菌 25 克，青花椒粒 15 克，迷迭香 10 克，
黑胡椒碎 2 克，牛排腌料 5 克，酱油 15 克，生抽 5 克，橄榄油适量。

◎ 步骤

1　牛小排洗净，改刀切成块待用。

2　牛小排块、牛排腌料、迷迭香一起放入真空袋腌制。

3　将腌制好的牛小排块用 60℃的水煮30分钟。

4 将洗净的牛肝菌切片，煎熟。

5 将煮熟的牛小排块用橄榄油煎至表面呈焦状。

6 加入青花椒粒、黑胡椒碎、酱油、生抽煸香，再放入煎制好的牛肝菌片略煎即可。

成品

古法炆牛肉

◎原料　　　牛肉 600 克，高汤 1000 克，老抽 50 克，黑胡椒碎 1 克，冰糖 20 克，牛肉汁 5 克，牛肉粉 2 克。

◎步骤

1 将牛肉洗净，下锅焯水。

2 焯好水的牛肉切成大小相等的块。

3 将牛肉块放入锅中，加入高汤。

4 加入老抽、冰糖、牛肉汁、牛肉粉，用大火烧开，再转小火煮80分钟。

5 牛肉块煮好后，转中火收稠汤汁。

6 将收汁的牛肉块装入盘中，撒黑胡椒碎即可（可用花草点缀）。

成品

酱焗牛肋条

◎ 原料　牛肋条300克，土豆200克，盐4克，番茄沙司200克，麦芽糖100克，红醋30克，鸡精3克，芥末粉10克，黑胡椒碎5克，红糖20克，马苏里拉芝士50克，迷迭香适量，橄榄油适量。

◎ 步骤

1 牛肋条洗净，切块，用橄榄油炸酥待用。

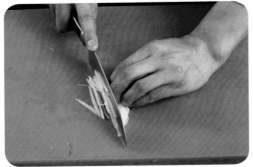

2 将土豆洗净，切丝。

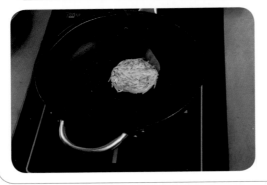

3 土豆丝拌入盐、黑胡椒碎、马苏里拉芝士煎成土豆饼待用。

4 将番茄沙司、麦芽糖、红醋、芥末粉、红糖、鸡精混合煮成酱汁，浇在牛肋条块上。

5 用烤箱把牛肋条块表面烤至略焦。

6 将土豆饼装入盘里，放上牛肋条块，用迷迭香装饰即可。

成品

红酒香煎低温羊排

羊肉具有补体虚，祛寒凉，温补气血等功效。对病后或产后身体虚弱，能够起到一定的补益效果。

本道菜品是一道端上餐桌有档次，但操作起来很简单的新手菜。如果你是一位烹饪新手，想做一道让人惊艳的菜，那么你可以买食材操作啦。

红酒香煎低温羊排

◎ 原料　羊排 2 根，洋葱 50 克，红椒 20 克，苦苣适量，老干妈酱 30 克，盐 5 克，鲜味汁 5 克，红酒 10 克，葱段 20 克，黑胡椒碎 4 克，橄榄油适量。

◎ 步骤

1 红椒洗净，切成段待用。

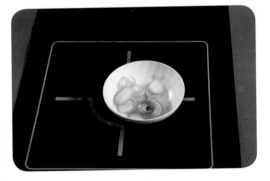

2 洋葱洗净，切成片待用。

3 羊排洗净，加盐、黑胡椒碎，装入真空袋中，用低温60℃水煮40分钟待用。

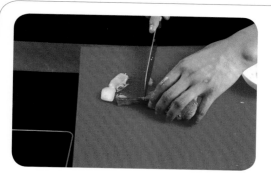

4 羊排改刀，用橄榄油煎至两面上色，取出待用。

5 锅中加入橄榄油、洋葱片、红椒段和葱段煸香。

6 放入老干妈酱翻炒至入味。

7 最后放入羊排，烹入红酒和鲜味汁，翻炒片刻后装盘，用洗净的苦苣点缀即可。

姜松格格肉

◎**原料**　猪颈肉 100 克，姜松 100 克，熟白芝麻 20 克，白糖 150 克，陈醋 100 克，酱油 15 克，鸡精 3 克，辣椒粉 100 克，花椒粉 5 克，橄榄油适量。

◎**步骤**

1　猪颈肉洗净，切成2厘米见方的猪肉丁。

2　姜松用橄榄油炸至呈金黄色，取出控油待用。

3　猪肉丁用六成热的橄榄油炸两次至表面皮酥，取出控油。

4 将熟白芝麻、辣椒粉、花椒粉混合，制成调味料待用。

5 将鸡精、白糖、陈醋、酱油拌匀，倒入锅中，用小火煮成酱汁。

6 炸好的猪肉丁倒入锅中，煮至酱汁收汁，放入调味料；最后将炸好的姜松放入盘中垫底，再放上猪肉丁即可（可用花草点缀）。

成品

花椒风沙骨

◎原料　猪排骨100克，鸡蛋1个，姜松50克，花椒粉5克，鸡精3克，蒜香粉5克，沙姜粉2克，生粉20克，低筋面粉15克，盐3克，蒜末50克，青花椒粒15克，蒜瓣20克，橄榄油适量。

◎步骤

1 猪排骨洗净，剁成排骨块，放入冰水中浸泡2小时待用。

2 将猪排骨块用鸡蛋、鸡精、蒜香粉、沙姜粉、生粉、低筋面粉、盐、蒜瓣拌匀，腌制上浆，放入冰箱冷藏40分钟。

3 蒜末、姜松用橄榄油炸至酥脆呈金黄色，取出控油待用。

4 将冷藏好的猪排骨块
倒入锅中，用橄榄油炸
至皮酥里嫩，取出控油。

5 青花椒粒炒香，放入
炸好的姜松、蒜末调
味。

6 炸好的猪排骨块放入
锅中翻炒，当猪排骨
块与蒜末和姜松炒匀时，
撒上花椒粉，装盘即可
（可用花草点缀）。

成品

无锡骨伴甜豆

◎ 原料　　猪肋排 250 克，甜豆 100 克，米醋 5 克，冰糖 20 克，香醋 5 克，盐 2 克，红曲米水 20 克，生粉 5 克，橄榄油适量。

◎ 步骤

1 猪肋排洗净，改刀成块，加入盐、红曲米水、生粉、水拌匀上浆。

2 将上浆的猪肋排块放入五成热的橄榄油中炸熟，取出控油。

3 将甜豆洗净待用。

4 锅中加入橄榄油，将洗净的甜豆倒入锅中，炒熟取出待用。

5 将控好油的猪肋排块放入锅中，倒入米醋、冰糖、香醋、水，烧25分钟收稠汤汁即可。

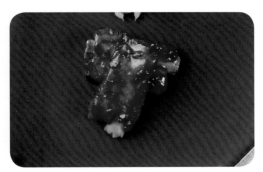

6 将烧好的猪肋排块装盘，配上炒好的甜豆即可（可用花草点缀）。

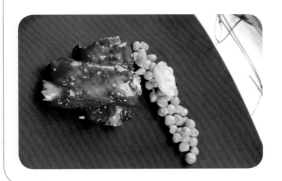

成品

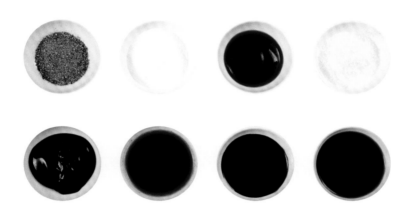

鸭丁春盏

鸭肉不仅是餐桌上的肴馔，也是适合人们进补的食材。它具有养胃生津、清虚热等功效。

本道菜品，鸭肉与芥蓝的搭配，让肉香中有一份属于芥蓝的脆甜口感，香而不腻，营养又美味。这道肉菜用时较短、操作简单，适合在工作日时犒劳自己和家人。

鸭丁春盏

◎ 原料　　鸭胸肉 100 克，芥蓝丁 30 克，姜 15 克，春卷皮 6 张，蛋清 15 克，蚝油 10 克，海鲜酱 3 克，鸡精 3 克，盐 2 克，酱油 15 克，生粉 5 克，老抽 3 克，胡椒粉 2 克，橄榄油适量。

◎ 步骤

1　将鸭胸肉切成鸭丁，冲掉血水，沥干水分待用。

2　将姜去皮，切丁。

3　切好的鸭丁用蛋清、盐、蚝油、海鲜酱、老抽、生粉腌制。

4 将春卷皮用模具炸成碗形待用。

5 腌制好的鸭丁与芥蓝丁、姜丁一同用橄榄油炒香。

6 鸭丁炒熟后，烹入鸡精、酱油、胡椒粉调味。

7 将炒熟的鸭丁放入炸好的春卷中即可（可用花草点缀）。

黑松露低温鸭胸

◎ 原料

鸭胸肉 300 克，春卷皮 2 张，洋葱粒 20 克，香菜 20 克，红椒粒 2 克，西芹粒 5 克，干葱 5 克，冰糖 5 克，青柠皮 10 克，芝麻 5 克，白糖 30 克，日本醋 5 克，蚝油 10 克，老抽 5 克，鸡精 5 克，黑松露酱 50 克，黑胡椒碎 3 克，盐 2 克，高汤适量，橄榄油适量。

◎ 步骤

1 将洗净的鸭胸肉加黑胡椒碎、盐，放入真空袋中用62℃的水煮40分钟后取出，用橄榄油把有鸭皮那面煎至呈金黄色。

2 干葱切末、煸香，加入黑松露酱、高汤、蚝油、鸡精、冰糖、老抽拌匀制成酱汁待用。

3 将洗净的香菜和日本醋、芝麻、青柠皮、白糖、橄榄油用搅拌器打成香菜酱。

4 春卷皮用圆筒模具，炸成圆锥形待用。

5 少许鸭胸肉切成丁，加入洋葱粒、红椒粒、西芹粒、黑松露酱炒成酱丁。

6 将煎好的鸭胸肉改刀装盘，淋上酱汁、香菜酱，把酱丁装入炸好的春卷里搭配食用即可（可用花草点缀）。

成品

酥蒜辣椒炒鸡翅

◎原料　　鸡翅中5个，蒜末100克，豆豉碎20克，干葱末15克，沙姜末15克，干辣椒10克，花椒3克，酱油10克，蚝油5克，鸡精5克，盐3克，生粉5克，蒜香粉3克，橄榄油适量。

◎步骤

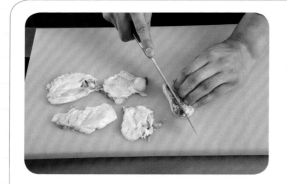

1 鸡翅中洗净，斜刀一分为二去骨待用。

2 将去骨的鸡翅中用酱油、蚝油、盐、蒜香粉腌制2小时。

3 蒜末、干葱末用橄榄油炸至酥脆，取出控油制成蒜蓉待用。

4 将腌好的鸡翅中，用生粉抓均匀。

5 鸡翅中用橄榄油煎至两面金黄、皮酥。

6 锅置火上，倒入橄榄油，炒沙姜末、干辣椒、豆豉碎，再放入鸡翅中和蒜蓉，最后撒上鸡精、花椒翻炒均匀即可。

成品

小炒牛肉伴手卷

◎原料 牛小排150克,春卷皮2张,西芹粒20克,豆芽瓣20克,红椒粒20克,
松仁10克,蒜末5克,姜末5克,蚝油5克,生抽5克,豆瓣酱3克,
香油3克,胡椒粉1克,黄酒2克。

◎步骤

1 春卷皮用模具炸成手卷。

2 牛小排洗净,先切条,再切丁。

3 将牛肉丁、豆芽瓣、西芹粒、红椒粒、松仁下入锅中煸香。

4 将姜末、蒜末、豆瓣酱加入锅中，与牛肉丁翻炒。

5 烹入黄酒和蚝油，加生抽、香油、胡椒粉炒香，装入碗中。

6 将牛肉丁装入炸好的春卷里，剩余牛肉丁装入盛器中即可。

成品

薄煎元贝佐南瓜烩饭

元贝味道鲜美，有"海鲜极品"的美誉，也是"海产八珍"之一。挑选元贝时以颗粒大，颜色金黄，嫩糯鲜香为佳。

本道菜品需要注意的是在操作步骤4时，为使大米口感更好，当煮至收汁时需要重新加入高汤，如此反复四次后再加入盐、鸡精、马苏里拉芝士、黄油、南瓜泥。

薄煎元贝佐南瓜烩饭

◎原料　　元贝100克，大米40克，南瓜块150克，盐2克，鸡精1克，黑胡椒碎2克，黄油3克，马苏里拉芝士4克，白葡萄酒20克，洋葱碎10克，蒜末1克，杏仁片2克，蒜瓣3克，柠檬汁3克，高汤适量，橄榄油5克。

◎步骤

1 南瓜块用水煮熟，滤出水分后撒入黑胡椒碎。

2 南瓜块用搅拌器搅拌成南瓜泥，待用。

3 锅中加入橄榄油、蒜末、洋葱碎、黑胡椒碎炒至半透明状。

4 加入大米、白葡萄酒、高汤，用中火煮至收汁时加入盐、鸡精、马苏里拉芝士、黄油、南瓜泥拌匀，制成南瓜饭待用。

5 元贝放入锅中，撒入黑胡椒碎，放入蒜瓣，淋少许白葡萄酒、黄油和柠檬汁，煎至两面呈金黄色，取出切成两片。

6 杏仁片放入烤箱，用200℃烤4分钟，呈金黄色即可。

7 烩好的南瓜饭装盘，放上元贝、杏仁片，淋橄榄油即可（可用花草点缀）。

加拿大元贝西蓝花浓汤

◎原料　西蓝花块 350 克，元贝 100 克，法棍 3 克，洋葱丝 60 克，培根 10 克，蒜末 6 克，土豆片 30 克，菠菜叶 30 克，黄油 25 克，淡奶油 200 克，牛奶 300，盐 4 克，鸡精 4 克，黑胡椒碎 1 克，白葡萄酒 30 克，鱼子酱 1 克，白胡椒粉 1 克，土豆 200 克，橄榄油 15 克。

◎步骤

1 法棍用刀切成长方薄片，放入烘干机用 55℃烘干待用。

2 黄油加热放入土豆片、洋葱丝、蒜末、培根炒香，再加入西蓝花块，当土豆片炒软时淋入白葡萄酒、水，西蓝花汤煮沸时撇去面上的浮油，小火煮20分钟冷却待用。

3 待西蓝花汤冷却后，加入焯过水的菠菜叶用搅拌器打碎、过滤，再加入鸡精、淡奶油煮至微开。

4 元贝撒上盐、黑胡椒碎,用橄榄油煎至两面上色,取出切片。

5 土豆洗净,蒸熟压泥;牛奶、淡奶油、盐、白胡椒粉煮开,放入黄油、土豆泥拌匀。

6 将土豆泥、元贝片、鱼子酱、西蓝花汤、法棍片依次装盘,淋上橄榄油即可(可用花草点缀)。

成品

酸辣番茄浓汤

◎ 原料　番茄 300 克，小河虾 15 克，吐司 1 片，土豆 200 克，洋葱丝 30 克，
蒜瓣 15 克，黄油 8 克，百里香 2 克，小米辣椒 2 克，盐 3 克，白糖 18 克，
鸡精 3 克，黑胡椒碎 1 克，淡奶油 35 克，牛奶 43 克，白胡椒粉 1 克，
番茄酱 30 克，蒜蓉香草黄油酱适量，橄榄油 35 克。

◎ 步骤

1 番茄焯水后在冰水中浸泡片刻，去皮和籽，番茄肉榨汁待用。

2 将橄榄油、蒜瓣、洋葱丝、百里香、小米辣椒炒香，再加入番茄酱、番茄肉榨的汁水，小火煮20分钟，冷却后放入料理机中打成泥，过滤后加入盐、白糖、鸡精和淡奶油制成番茄浓汤。

3 土豆洗净，蒸熟压泥；牛奶、淡奶油、盐、白胡椒粉煮开放入土豆泥搅拌，再放入黄油拌匀。

4 小河虾焯水20秒左右，取出浸泡冰水，冷却后去壳留肉待用；将小河虾壳烘干后再加入盐、黑胡椒碎用料理机打成虾粉。

5 吐司切小条，涂上蒜蓉香草黄油酱，锅中加蒜瓣炝锅，煎至吐司条呈金黄色即可。

6 餐具内挤上土豆泥，装入番茄浓汤、虾肉、虾粉，淋上橄榄油，再配上烤好的吐司条即可（可用花草点缀）。

成品

贝柱炖萝卜

◎ **原料**　白萝卜200克，贝柱20克，高汤100克，香菜苗5克，姜片3克，盐5克，鸡精2克，鸡汁5克，鸡油5克。

◎ **步骤**

1 白萝卜洗净，去皮。

2 白萝卜改刀成块待用。

3 贝柱、香菜苗洗净，与姜片、水入蒸箱蒸1小时，取出撕成丝待用。

4 高汤中加入鸡汁、盐、鸡精调味。

5 将白萝卜块装入盘中，加入高汤，撒上蒸好的贝柱丝，淋上鸡油，入蒸箱蒸酥。

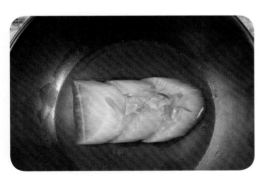

6 将白萝卜块、柱丝从蒸箱取出，倒入容器中即可（可用花草点缀）。

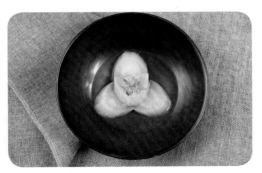

成品

芽菜煳辣虾

　　基尾虾以壳薄、体肥、肉嫩、味美而著称。挑选基围虾时，要选择头部与身体连接紧密、外壳清晰鲜明，并且体表干燥洁净的。至于颜色过红、闻之有腥味的，则是不够新鲜的虾，不宜食用。

　　在处理基围虾时，要注意去掉虾头、虾脚、虾肠，开背时不要片的太深，开至1/2处即可。

芽菜焖辣虾

◎原料　基围虾 15 只，芽菜 50 克，五花肉丁 80 克，韭菜末 30 克，黑胡椒碎 3 克，干辣椒 15 克，青花椒粒 10 克，蚝油 15 克，生抽 10 克，酱油 10 克，白糖 3 克，橄榄油适量。

◎步骤

1 基围虾去掉虾须、虾脚、虾头，用刀在虾背上开至1/2处，去掉虾线待用。

2 芽菜洗净用橄榄油炸至酥脆，控油待用。

3 将蚝油、生抽、酱油、白糖倒入碗中，搅拌均匀制成酱汁。

4 剪好的基围虾用七成热橄榄油炸两遍至虾壳酥脆，捞出控油。

5 净锅下橄榄油烧热，先放入五花肉丁用小火煸至干香。

6 锅中放入干辣椒、青花椒粒翻炒。

7 炸好的基围虾放入装有五花肉丁的锅中，烹入酱汁、黑胡椒碎、韭菜末翻炒片刻装入盘中即可（可用花草点缀）。

麻婆豆腐伴贡米

◎ 原料　嫩豆腐 250 克，牛肉 50 克，青蒜末 40 克，葱末 20 克，贡米 100 克，豆瓣酱 20 克，豆瓣油 50 克，刀口辣 30 克，酱油 10 克，鸡精 5 克，白糖 2 克，料酒 15 克，生粉 15 克，高汤适量，橄榄油适量。

◎ 步骤

1 将嫩豆腐改刀成块。

2 牛肉洗净，切成末。

3 将嫩豆腐块焯水待用。

4 贡米洗净，加水蒸熟待用。

5 锅中加入牛肉末，用橄榄油煸香，再加入豆瓣酱、豆瓣油、刀口辣、酱油、鸡精、白糖、料酒、高汤。

6 将嫩豆腐块下入锅中，再撒上青蒜末和葱末烧至收稠汁，淋入生粉与水混合的汁勾芡，装盘后配上米饭即可。

成品

虾汤玉子豆腐

◎ 原料 基围虾 200 克，洋葱碎 30 克，胡萝卜碎 20 克，豆浆 150 克，鸡蛋 3 个，甜豆 100 克，盐（食用盐卤）5 克，鸡精 5 克，淡奶油 20 克，胡椒粉 2 克。

◎ 步骤

1 基围虾用水煮熟，取出待用。

2 熟基围虾加洋葱碎、胡萝卜碎煸香，再加入水、淡奶油、胡椒粉，虾汤煮开后捞出基围虾，去壳待用。

3 用豆浆、鸡蛋、盐、鸡精、水制成豆腐。

 **4** 甜豆焯水待用。

5 豆腐用模具压成圆形，放入餐具中。

6 把虾汤浇在豆腐旁，放上甜豆和虾肉即可。

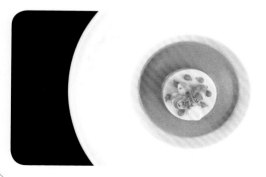

成品

葱头煨鲜松茸

　　松茸是一种纯天然的珍稀名贵食用菌类，被誉为"菌中之王"。松茸的营养价值和药用价值极高，具有提高免疫力、抗衰老、促肠胃保肝脏等多种功效。

　　挑选松茸时，要选择闻起来带有香味的，香味稍淡则次之。新鲜松茸保存时间短，常温下保存不能超过2天，所以买回来一定要尽快食用。

葱头煨鲜松茸

◎ 原料　松茸 80 克，洋葱 10 克，蚝油 10 克，老抽 5 克，高汤 100 克，鸡精 3 克，橄榄油 10 克。

◎ 步骤

1 松茸洗净。

2 洋葱剥皮，去头尾切成块待用。

3 将松茸竖切成条待用。

4 将松茸放入锅中，用橄榄油煎至表面呈金黄色。

5 洋葱块、老抽放入锅中煎香。

6 锅中加入高汤、蚝油、鸡精调味，用中火烧5分钟。

7 将烧好的松茸大火收汁，装盘即可（可用花草点缀）。

老麻纸片牛筋

◎原料　牛筋150克,五花肉丁80克,红椒丁10克,西芹10克,墨鱼汁脆片3克,低温手指胡萝卜1根,鸡精5克,酱油20克,辣鲜露10克,老抽3克,花椒粉3克。

◎步骤

1 牛筋洗净,切成片。

2 西芹洗净,切碎待用。

3 将花椒粉、鸡精、酱油、辣鲜露、老抽混合制成酱汁。

4 五花肉丁煸香，放入牛筋片，再烹入酱汁，用干烧的手法烹调。

5 红椒丁、西芹碎放入锅中继续翻炒至收汁。

6 炒好的牛筋片放在墨鱼汁脆片上，点缀低温手指胡萝卜即可（可用花草点缀）。

成品

百花酿羊肚菌

◎ 原料　羊肚菌 15 克，秋葵 1 根，百花酿 150 克，高汤 150 克，蚝油 5 克，老抽 3 克，白糖 2 克，盐 1 克，鸡精 3 克，生粉 15 克。

◎ 步骤

1 羊肚菌用水浸泡待涨发后洗净。

2 百花酿挤入羊肚菌中。

3 将装有百花酿的羊肚菌，放入蒸箱蒸熟。

4 秋葵洗净，切开煮熟待用。

5 锅中加入高汤，放入蚝油、老抽、白糖、盐、鸡精、生粉调成酱汁待用。

6 将蒸好的羊肚菌装入盘中，淋入调好的酱汁，配上秋葵即可。

成品

鸡𭎂菌煎元贝

◎ 原料　　元贝 100 克，鸡𭎂菌 100 克，干辣椒 10 克，生抽 15 克，鸡精 2 克，圣女果 2 个，黑胡椒碎 3 克，青花椒粒 10 克，白糖 2 克，盐 3 克，橄榄油适量。

◎ 步骤

1 将鸡𭎂菌切成丝，用橄榄油炸至干香。

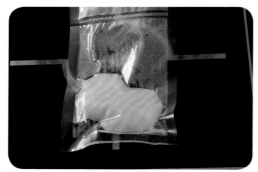

2 将元贝装入真空袋中，用45℃的水煮15分钟。

3 将炸好的鸡𭎂菌用干辣椒、青花椒粒炒香，再加入生抽、鸡精、黑胡椒碎、白糖、盐调味。

4 将煮熟的元贝煎至两面呈金黄色。

5 圣女果洗净，稍煎片刻待用。

6 将炒好的鸡枞菌放入盘中垫底，再放上煎好的元贝和圣女果即可（可用花草点缀）。

成品

香椿豆腐

◎原料　　香椿芽 50 克，老豆腐 300 克，奶油生菜适量，盐 3 克，鸡精 2 克，
　　　　　鸡汁 5 克，生粉 2 克，麻油 3 克，橄榄油适量。

◎步骤

1 香椿芽洗净切碎待用。

2 老豆腐用汤勺压碎。

3 将老豆腐碎，用滤布
挤干水待用。

4 将挤干水分的老豆腐碎，加入香椿碎，调入盐、鸡汁、鸡精、生粉、麻油搅拌均匀。

5 将拌好的老豆腐碎制成球状。

6 将豆腐球放入橄榄油中，炸至呈金黄色。

7 炸熟的豆腐球捞出，配上洗净的奶油生菜装盘即可。

第三章
美味甜品

闲暇时光，做一份甜品给自己，感受烘焙乐趣的同时又满足了自己的味蕾。

焦糖香草布丁

　　布丁是欧美各国都有的传统甜品，尤其在英国甚至有布丁全餐。从前菜的蔬菜沙拉布丁，到主菜的兔肉布丁，最后甜点英式烤布丁，各种布丁应有尽有。

　　本道甜品制作过程中步骤2加入鸡蛋液时，需要边加入边搅拌。以免凝结成块，影响布丁的口感。

焦糖香草布丁

◎原料　鸡蛋 2 个，香草荚碎 1 克，菠萝粒 10 克，樱桃 1 颗，树莓 1 颗，葡萄 1 颗，牛奶 270 克，细砂糖 80 克，淡奶油 250 克，淡奶 60 克，西班牙蜂蜜粉 6 克，焦糖 50 克。

◎步骤

1 将鸡蛋液搅拌均匀，待用。

2 锅中放入牛奶、淡奶油、淡奶、细砂糖，煮开后加入香草荚碎、鸡蛋液拌匀，制成布丁馅料待用。

3 将焦糖和 13 克水倒入锅中，小火煮至呈焦黄色倒入蛋糕杯中，冷却后加入布丁馅料，放入烤箱用隔水的方法烤 25 分钟（上火 180℃，下火 140℃）。

4 烤后在布丁表面，撒细砂糖。

5 用火枪烧至布丁表面呈金黄色。

6 将西班牙蜂蜜粉用过滤网，过滤在不粘垫上，放入烤箱用130℃烤化，冷却后用刀刮不粘垫取下蜂蜜网片。

7 将蜂蜜网移到蛋糕杯上，放上菠萝粒和洗净的樱桃、葡萄、树莓即可（可用花草点缀）。

芝麻布丁

◎ 原料 　　白芝麻 30 克，吉利丁粉 2 克，细砂糖 12 克，淡奶油 60 克，牛奶 40 克，
　　　　　花生酱 2 克，草莓冰激凌 30 克。

◎ 步骤

1 白芝麻炒香，加入牛奶和花生酱拌匀待用。

2 将细砂糖与吉利丁粉，冲入 30 克开水，搅拌均匀。

3 将细砂糖吉利丁粉水、白芝麻倒入料理机中。

4 加入淡奶油。

5 料理机打3分钟，取出过滤。

6 倒入甜品盅内放入冰箱冷冻；冻好的布丁表面加草莓冰激凌即可（可用花草点缀）。

成品

树莓椰香奶冻

◎ 原料　椰香奶冻：牛奶 125 克，椰浆 100 克，细砂糖 40 克，琼脂 5 克。
树莓奶昔：树莓 27 克，糖浆 50 克，淡奶油 15 克。
树莓冻：树莓 6 个，琼脂 1 克，细砂糖 8 克。

◎ 步骤

1 将椰香奶冻原料、125克水倒入锅中烧开。

2 烧开后的椰香奶放置在冰块上冷却，制成椰香奶冻后用模具压成圆柱形待用。

3 将树莓奶昔原料和120克冰水，用料理机打成树莓奶昔待用。

4 将100克水、树莓冻原料（树莓除外）烧开倒入模具。

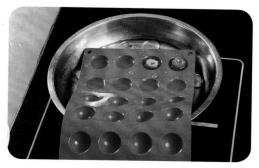

5 在模具中放入树莓，放冰上冷却，制成树莓冻。

6 将树莓奶昔淋在盘底，放上椰香奶冻、树莓冻即可（可用花草点缀）。

成品

熔岩巧克力蛋糕

熔岩巧克力蛋糕是一道法式甜点。它的外皮硬脆，内里却绵密细软。它自兴起至今已发展出许多口味，例如加入果酒或者威士忌酒。

本道甜品，面糊装入蛋糕杯前，在杯内涂抹少许黄油，以便烤好的蛋糕脱杯。

熔岩巧克力蛋糕

◎原料   鸡蛋 2 个，蛋黄 30 克，巧克力 90 克，低筋面粉 50 克，蛋清 150 克，
细砂糖 150 克，黄油 100 克，时令水果适量。

◎步骤

1 黄油和巧克力，隔热水融化。

2 鸡蛋、蛋黄、50克细砂糖搅拌均匀（打至发白，稍带稠度）。

3 将低筋面粉加入融化好的黄油和巧克力中，搅拌均匀。

4 将搅拌好的蛋液分三次加入面糊中，搅拌均匀后装入蛋糕杯中。

5 将蛋糕杯放进已预热10分钟的烤箱（180℃），用200℃烤10分钟至脱模。

6 将100克细砂糖和80克水拌匀煮至118℃；将蛋清慢慢倒入细砂糖水中打成蛋白糖霜。

7 盘中抹上蛋白糖霜，用火枪微微烧上色再放上烤好的蛋糕，点缀些时令水果即可（可用花草点缀）。

咖啡泡沫慕斯

◎原料　茶水 150 克，咖啡 50 克，马斯卡彭 100 克，淡奶 25 克，炼乳 20 克，淡奶油 250 克，吉利丁片 7 克，蓝莓 3 克，芒果粒 3 克，果糖 45 克，可可粉 10 克，牛奶脆片适量，薄荷叶适量。

◎步骤

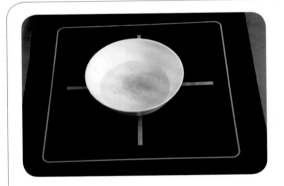

1 将吉利丁片，用冰水浸泡。

2 将马斯卡彭隔水融化，加入淡奶、炼乳、果糖、淡奶油，作为辅料待用。

3 咖啡倒入茶水加至温热，再将浸泡好的吉利丁片加入其中，搅拌至溶化。

4 将调配好的咖啡，加入辅料中搅拌均匀过筛待用。

5 将咖啡加入虹吸壶中，打入第一次气弹，上下均匀摇晃20下，再打入第二次气弹，上下均匀摇晃10下，放入冰箱冷藏3小时，制成咖啡泡沫慕斯。

6 将冷藏好的咖啡泡沫慕斯，分两次打入玻璃杯中，第一次打入后撒上可可粉，放上芒果粒和洗净的蓝莓，第二次打入后撒可可粉，最后点缀薄荷叶，杯口配一片牛奶脆片即可（也可配饼干）。

成品

百香果慕斯

◎原料　　百香果肉 145 克，淡奶油 90 克，吉利丁片 9 克，植物奶油 230 克，果糖 80 克，百香果酱 20 克，水果茶 45 克，巧克力 80 克，浓缩香橙汁适量，浓缩百香果汁适量，浓缩柠檬汁适量，浓缩凤梨汁适量，浓缩水蜜桃汁适量。

◎步骤

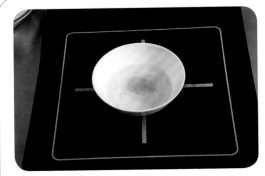

1 将吉利丁片用冰水浸泡。

2 淡奶油加热，放入融化的吉利丁片搅拌均匀。

3 加入果糖、百香果酱、水果茶、百香果肉搅拌均匀制成慕斯；将植物奶油打发至水滴状，分两次加入慕斯，搅拌均匀即可。

4 将慕斯加入浓缩香橙汁、浓缩百香果汁、浓缩柠檬汁、浓缩凤梨汁、浓缩水蜜桃汁拌匀即可。

5 将巧克力融化抹在不粘垫上，凉凉后用刀刮起待用。

6 将拌好的慕斯放入百香果壳里，放入巧克力片装饰即可（可用花草点缀）。

成品

桂花白糖糕

　　桂花白糖糕是一道中式甜点，其味道甜而不腻十分美味。在油炸白糖糕时一定要用恒温，以防油温过高会使其变黄。

　　干桂花可以购买，也可以自己制作。制作方法如下：

　　1. 新鲜的桂花过筛去杂质。

　　2. 清洗干净后，铺开晾干。

　　3. 放入已预热的烤箱（200℃），用230℃烤一分钟。

　　4. 取出，凉凉即可。

桂花白糖糕

◎原料　　糯米粉 500 克，澄面 150 克，白糖 50 克，干桂花 15 克，橄榄油适量。

◎步骤

1 将澄面用25克开水烫熟，倒入和面机中快速搅匀待用；将糯米粉倒入搅好澄面的盆中，放入10克橄榄油、400克冷水搅拌均匀。

2 和匀的面团揪成21克重的小团，再搓成38厘米长的面条。

3 将搓好的面条三等分。

4 三等分的面条，折成面圈待用。

5 锅置火上，加入橄榄油，用测温枪测油温到150℃时下面圈，炸2分钟捞出控油。

6 将干桂花与白糖混合均匀。

7 将炸好的面圈，放入混合好的白糖中均匀裹上一层糖，装盘时撒干桂花即可（可用花草点缀）。

乡村花园

◎原料　　　樱桃肉 150 克，火腿片 3 克，大叶紫苏 200 克，黑胡椒碎 1 克，柠檬汁 2 克，海藻胶 4 克，钙粉 3 克，鱼子酱适量，椰浆 20 克，吉利丁片 7.5 克，全脂牛奶 250 克，淡奶油 125 克，橄榄油 3 克。

◎步骤

1 将大叶紫苏焯水后放入冰水中浸泡，片刻后取出擦干水放入烤箱用 80℃烤10分钟，取出用料理机打成粉。

2 将500克水和钙粉用搅拌器打匀待用；将500克水和海藻胶用搅拌器打匀待用。

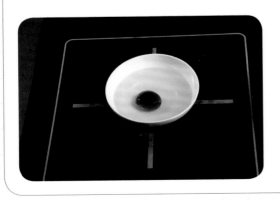

3 樱桃肉放入搅拌器中，打成浆后倒入模具中，先放入海藻水定型，再放入钙水中，最后放入水中浸泡片刻取出待用。

4 全脂牛奶倒入锅中煮开，加入泡发好的吉利丁片，当吉利丁片融化后加入淡奶油、椰浆，拌匀、过滤倒入容器里，放凉后移入冰箱冷藏。

5 全脂牛奶凝固后拿出，加入黑胡椒碎、柠檬汁、橄榄油拌匀，制成蛋白布丁。

6 在盘底放蛋白布丁再放上樱桃肉，撒上大叶紫苏粉、火腿片，最后在樱桃肉上放上鱼子酱，淋上橄榄油即可（可用花草点缀）。

成品

坚果巧克力棒棒糖

◎原料　巧克力 350 克，开心果碎 10 克，核桃仁碎 122 克，葡萄干 70 克，奥利奥碎 60 克，杏仁碎 30 克，腰果碎 76 克，淡奶油 70 克，咖啡力娇酒 100 克，黑朗姆 7 克，黄油 15 克，盐 1 克，冰糖适量。

◎步骤

1 将巧克力隔热水融化，并加入盐拌匀待用。

2 核桃仁碎、葡萄干、奥利奥碎、杏仁碎、腰果碎装入碗中。

3 加入淡奶油、咖啡力娇酒、黑朗姆和已融化的黄油搅拌均匀。

4 将融化好的巧克力分成两份，其中2/3巧克力倒入装有坚果碎的碗中拌匀，放入冰箱冷藏30分钟。

5 冷藏后把巧克力揉成球，用棍子插好，裹上剩下的1/3融化的巧克力。

6 将开心果碎，均匀撒在巧克力棒棒糖上；小铁锅放入冰糖，插上棒棒糖即可（可用花草点缀）。

成品

灌汤椰汁球

　　甜食，是治疗抑郁、放松心情的灵丹妙药，大多人在犒劳自己的时候喜欢来一点甜的。

　　本道甜品外皮酥脆，轻轻一咬，嘴里顿时灌满了清甜的椰奶。椰汁球细腻甜蜜的口感让人忘记减肥、忘记塑身、忘记那些好看但绷着身体的华丽衣服。

灌汤椰汁球

◎ 原料　　糯米粉100克，澄面40克，面包糠50克，细砂糖140克，椰浆160克，牛奶200克，淡奶油100克，吉利丁粉20克，橄榄油适量。

◎ 步骤

1 糯米粉、澄面、细砂糖、10克橄榄油、水揉成面团。

2 将细砂糖和吉利丁粉，用水煮融化后待用。

3 盆中加入椰浆、牛奶、淡奶油与细砂糖吉利丁水拌匀。

4 将拌匀的椰奶放入冰箱冷冻，冻好后拿出切成方块。

5 将面团制成坯，包入冻好的椰奶搓成面球。

6 将面球裹上面包糠。

7 将面球下入橄榄油锅中炸熟，表皮炸脆即可装盘。

琥珀仙桃露

◎原料　　　水蜜桃 200 克，水发桃胶 20 克，冰糖 3 克，白兰地 2 克。

◎步骤

1 水蜜桃洗净，去皮。

2 水蜜桃切成块。

3 将水蜜桃块用模具压成圆形。

4 将水发桃胶与水蜜桃块下入锅中，加入白兰地、冰糖和500克水，烧开后小火煮10分钟。

5 煮好的水蜜桃块，放入冰水中降温。

6 将水蜜桃块与汤水，一起装入甜品盅内即可（可用花草点缀）。

成品

太极小米南瓜露

◎ 原料　　小米 100 克，南瓜 100 克，紫薯 50 克，雪莲子 50 克，白糖 50 克，淡奶油 30 克。

◎ 步骤

1 南瓜去皮、切块，放入蒸箱蒸熟。

2 取出蒸熟的南瓜块，打成泥待用。

3 小米加水进蒸箱，蒸至酥糯。

4 紫薯去皮，蒸熟后打成泥。

5 雪莲子加水进蒸箱蒸糯；蒸好的小米放入锅里加南瓜泥、水、雪莲子、白糖、淡奶油烧开后装盘。

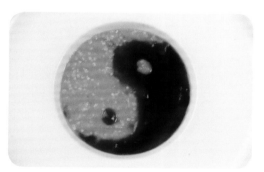

6 将紫薯泥用小勺在南瓜泥上画上太极形状即可。

成品

芝心太软

◎ 原料　红薯 1 个，马苏里拉芝士 5 克，蛋黄 15 克，沙拉酱 130 克，炼乳 18 克，芥末 15 克，焦糖酱 2 克，淡奶油 5 克，黄油 7 克，柠檬汁 1 克，蜂蜜 5 克。

◎ 步骤

1 将沙拉酱加入柠檬汁、蜂蜜、芥末拌匀待用。

2 将红薯洗净，放入上下火220℃烤箱烤40分钟左右取出，切去1/3，将剩下的2/3红薯肉挖出压泥。

3 红薯泥加入黄油、淡奶油拌匀，待冷却后加入沙拉酱、焦糖酱、炼乳一起拌匀。

4 将拌匀的红薯泥酿入红薯壳里，酿一半放入马苏里拉芝士，再继续酿入红薯泥。

5 将剩下的红薯泥装入裱花袋，在红薯表面挤出圆形颗粒。

6 将红薯放入烤箱烤至表面略干，取出刷上一层蛋黄，再入烤箱2分钟后取出，刷上融化的黄油，最后入烤箱烤至表面呈金黄色即可。

成品

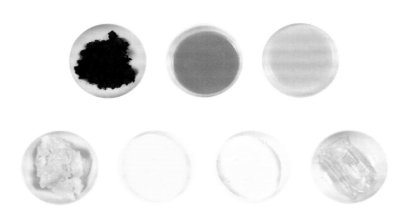

香蕉树莓芋泥

　　香芋营养丰富，色、香、味俱佳，曾被认为蔬菜之王。香芋烹饪方式多样，即可成为热菜，也可作为甜品。

　　本道甜品主要食材由香蕉、树莓、香芋搭配而成。香芋的软糯加入水果的清甜，富含营养又香甜可口。另外，为了能完美呈现书中甜品的美味，请搅拌吉利丁片至完全融化。

香蕉树莓芋泥

◎原料　香芋泥200克，香蕉泥30克，树莓泥30克，青柠皮5克，柠檬汁10克，
细砂糖10克，蜂蜜10克，淡奶油15克，吉利丁片5克，可可粉5克，
橄榄油20克。

◎步骤

1 吉利丁片，用冰水泡
软；锅置火上加入35
克水、细砂糖、吉利丁片
搅拌均匀，煮开后关火。

2 关火的锅中放入柠檬
汁、青柠皮、香蕉泥、
树莓泥搅拌至冷。

3 将搅拌好的香蕉树莓
泥倒入模具中，放入
冰箱冷藏40分钟。

4 锅中放入香芋泥、橄榄油、蜂蜜、淡奶油小火加热搅拌均匀待用。

5 冷藏的香蕉树莓泥放入香芋泥中，用搅拌器搅匀。

6 将香蕉树莓芋泥放入杯中。

7 杯中撒上可可粉即可（可用花草点缀）。

开心果奶油山药泥

◎ 原料　　山药 200 克，开心果 50 克，淡奶油 100 克，炼乳 80 克，吉利丁片 10 克，糖浆 20 克。

◎ 步骤

1 把山药去皮放入蒸箱中蒸熟，打成山药泥待用。

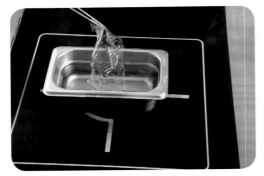

2 吉利丁片用冰水泡软待用。

3 锅中加入水、吉利丁片，加热至吉利丁片融化。

4 开心果烤熟，用料理机打碎。

5 山药泥加淡奶油、炼乳、糖浆和融化的吉利丁片，用搅拌器拌匀。

6 山药泥冷却后装入裱花袋里挤出装盘，撒上开心果碎即可（可用花草点缀）。

成品

榛子焦糖蛋奶酥

◎原料　榛子脆片：黄油60克，葡萄糖50克，细砂糖150克，榛子片150克，果胶2克，巧克力棒2根。
蛋奶酥：红豆沙150克，蛋黄90克，淡奶油200克，蛋清150克，细砂糖20克。

◎步骤

1 将黄油、葡萄糖、果胶和150克细砂糖，放在热锅中融化，加入榛子片拌匀。

2 将榛子片从锅中取出，倒在不沾烤垫上，放入烤箱烤脆。

3 烤好的榛子脆片放凉，切成长方形待用。

4 红豆沙放入料理机中打匀，加入蛋黄、淡奶油继续打匀。

5 蛋清和20克细砂糖打发成蛋白糖霜，再与红豆沙搅拌均匀。

6 放入110℃烤箱烤25分钟定型，再调至190℃烤10分钟上色，制成蛋奶酥；将榛子脆片放入盘底，再放入淡奶酥，最后用巧克力棒点缀即可。

成品

附录：部分食材展示图

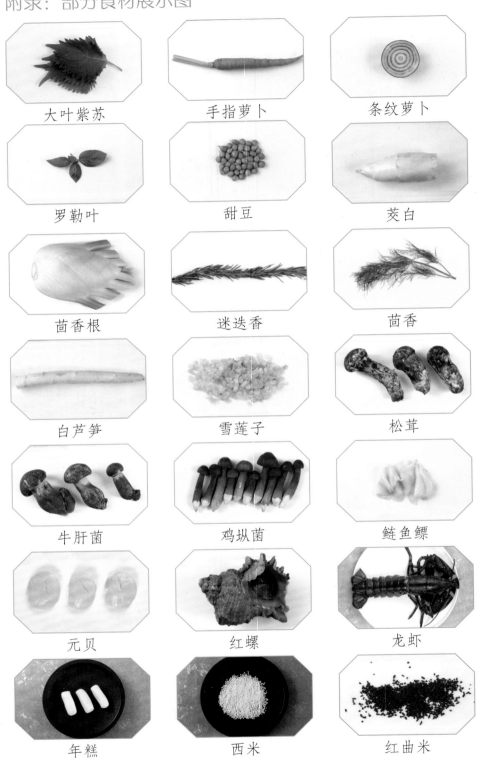

大叶紫苏

手指萝卜

条纹萝卜

罗勒叶

甜豆

茭白

茴香根

迷迭香

茴香

白芦笋

雪莲子

松茸

牛肝菌

鸡枞菌

鲢鱼鳔

元贝

红螺

龙虾

年糕

西米

红曲米